小小牛顿 科学启蒙 —大百科—

快瞧快瞧，水会跑

牛顿出版股份有限公司 / 编著

外语教学与研究出版社
北京

洗澡真好

妈妈在房间里喊着："彬彬，该洗澡啦！"

可是彬彬只顾着玩他的小汽车，根本不理妈妈。

这时，彬彬穿的脏衣服突然动起来，从彬彬的身上飞走了。

那些脏衣服飞快地冲进卫生间，一边跳进洗衣机，一边说：“这么脏，不洗怎么行？不干净可是会生病的。”

这时候，猫咪跑了过来。

猫咪对彬彬说：“你会和我一样，把脸洗干净吗？”

“会呀！我还会洗耳朵呢！”

正说着，一头长颈鹿突然把长脖子从窗外伸了进来：“要和我一样伸长脖子，才能把脖子洗干净哟！”

彬彬听了，立刻抬高下巴洗起了脖子。

彬彬刚洗完脖子，一只白熊摇摇摆摆地走了进来，开始在自己身上边搓着泡沫边说道：“身体也要仔细地洗，前前后后都要洗干净呀！”

白熊洗完前面，拉直了毛巾，又开始洗后背：“彬彬，你会不会这样洗？”

“我来试试看！哇！好舒服。”

猴子们也跳了进来："手要洗，脚也要洗。还有，别忘了最重要的屁股哟！"

“彬彬，胳肢窝也要好好洗！”

猫咪跳到椅子上说：“彬彬，我来帮你洗。”

“哈哈！好痒啊！”

“吼——”狮子也来了！它边揉搓着自己浓密的鬃毛边问道：“彬彬，你有没有把头发洗干净呀？”

“哇！你的毛发真漂亮！我也要把头发洗干净，和你一样。”

“咚！咚！咚！”大象慢慢地走来说：
“大家都洗好了吗？我要冲水喽！”

“哇！哈哈！下大雨喽！”
大家高兴得又叫又跳。

河马从浴缸里冒出头来说：“洗好了，就进来泡泡水吧！”

“嗯！泡水真舒服！”

扑啦啦！小鸟带着大毛巾飞来：“赶快把身体擦干，穿衣服。”

彬彬开心地说：“还要记得吹干头发。”

洗好澡回到房间，彬彬高兴地跳上床。

“嗯—— 洗干净真的很舒服！洗澡真好！”

给父母的悄悄话：

本册主题故事将动物的特征与洗澡的各个环节紧密地结合在一起，利用这个幻想的故事场景，让洗澡乐趣倍增。父母也可以在给孩子们洗澡的同时，进行类似的趣味引导，让孩子们休会到洗澡的乐趣！

大脸变变变

咦？是谁的脸长得这么奇怪？让我来帮他变一变！

先在纸上画一张大脸，并涂上颜色。

选择一些合适的物品，充当脸上的眉毛、眼睛、鼻子和嘴巴。将它们摆好后，抽拉和摇晃纸张，让它们变乱。

最后，用吸管吹气，使摇乱的部分回到原来的位置。

嗯！这样子好看多了！

还可以变脸哟！

给父母的悄悄话：

这个单元的游戏是为了培养孩子感知对称和协调，建立空间位置的概念。父母可以和孩子比赛，看谁吹得又快又正确，让游戏更刺激、更好玩。另外，也可以找一找其他的五官替代品，原则上，只要容易吹动、不易滚动即可。

快瞧快瞧，水会跑！

妈妈生日那天，强强送给妈妈一束五颜六色的花。

原来，强强把花的茎从中间剖开，插进不同颜色的墨水杯中，墨水就会慢慢通过茎，渗到花瓣里去。

墨水怎么会跑到花瓣上呢？

因为植物的茎里有许多输送水分的小管子，水会沿着小管子往上跑。

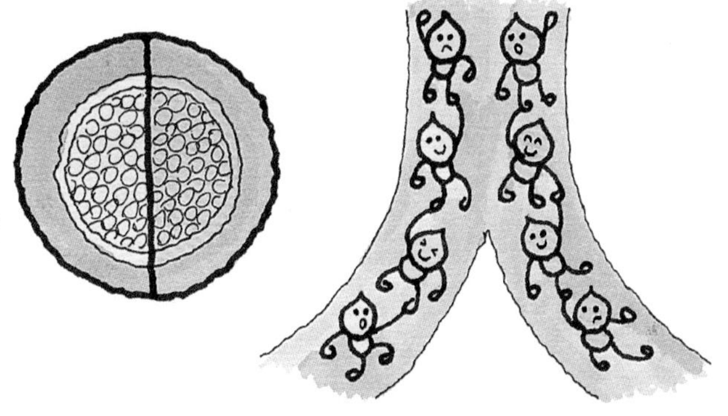

水也会渗进纱布上那些细小的空隙里去。

想想看，纸莲花放在水面上，会产生什么变化呢？

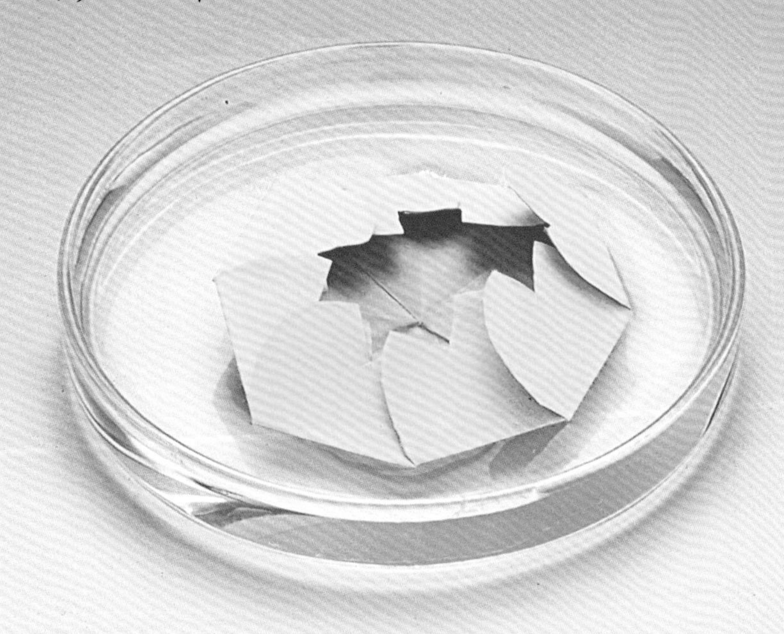

纸莲花的做法：

准备正方形的彩纸，按照图示步骤制作。

①

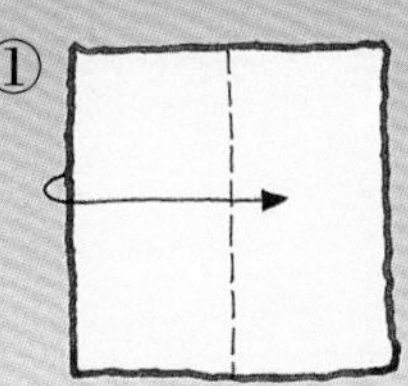

②

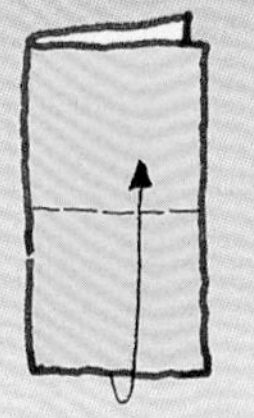

③

④

⑤

⑥

⑦

纸莲花吸了水以后，就自动开花了。

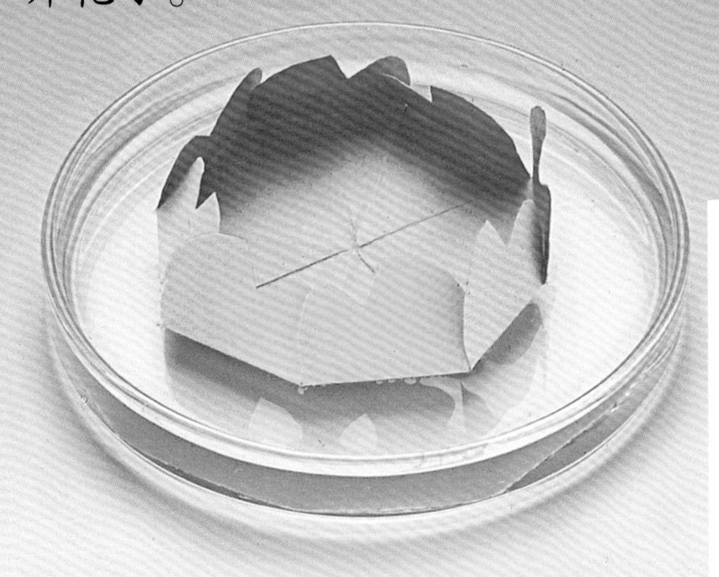

为什么会开花呢？

纸跟纱布一样，也有很多细小的空隙，渗进去的水让纸膨胀，原本闭合的莲花也就自动开花了。

给父母的悄悄话：

本单元介绍的是“毛细现象”，当含有细微间隙的物体与液体接触时，在浸润的情况下，液体会沿着间隙上升或渗入。除了花茎、纱布（棉线）、纸，手帕、毛巾、方糖等也是比较容易观察到液体渗入过程的常见物品。

小蜥蜴的尾巴

老鼠经过大树旁时，听到了呼救的声音：“我掉进洞里了！快来救我啊！”

老鼠跑过去往洞里边看边问道：“谁在里面啊？”

“是我，我是尖尾巴精灵！请你拉我上去，好吗？”

“我的手不够长，没办法拉你上来。”

“把你的长尾巴放下来，一定可以拉我上去。”

“你太重了，一定会把我的尾巴拉断，我才不要呢！”

老鼠丢下尖尾巴精灵没管，转头跑开了。

“救命啊！谁来救救我啊？”

松鼠经过，听到求救声，就把头伸进洞里看了一下。尖尾巴精灵高兴地大声说：“快把你的尾巴放下来，拉我上去！”

“我的尾巴那么漂亮，才舍不得弄脏呢！你还是找别人来救你吧！”

“呜——没有人来救我！”尖尾巴精灵十分伤心。

这时候，小蜥蜴跑过来说：“别哭了！我拉你上来吧！”

“你真好心，谢谢你！”

小蜥蜴扒住洞口，让尖尾巴精灵抓住它的尾巴，然后慢慢地将尖尾巴精灵往上拉。

“哎哟——哎哟——哎哟——哇！你好重哟！”

小蜥蜴的尾巴很疼，但它还是努力地拉着尖尾巴精灵。

“小蜥蜴加油呀！我快到洞口了！”

“嗯——嗯——嗯——哎哟！好疼哟！”

小蜥蜴一用力，终于把尖尾巴精灵拉上来了。可是，小蜥蜴的尾巴却断掉了。

“呜——我的尾巴！我的尾巴！”

尖尾巴精灵紧张地说：“嗯——也许我可以把它恢复原样！”

尖尾巴精灵用魔法帮小蜥蜴把尾巴安了回去。刚弄好，草丛里突然跳出来一只猫，吓了它们一大跳！

“哇！快逃啊！”小蜥蜴吓得抓起尖尾巴精灵撒腿就跑。就在它们快要冲进洞里的时候，猫抓到了小蜥蜴的尾巴。

“啊！”小蜥蜴的尾巴又断了，猫被断掉的尾巴吓了一跳，停了下来，小蜥蜴和尖尾巴精灵趁机逃进了洞。

“呜！这次连尾巴都丢了，我再也没有尾巴了，呜——”

“小蜥蜴，别哭了，你忘了我是尖尾巴精灵吗？仔细看哟！呜叭哩叭噜，变！”

“哇！我又长出新尾巴了！”

从此以后，小蜥蜴的尾巴再也不怕断了，只要是断掉，就会长出新的尾巴来。这是尖尾巴精灵为了感谢它的帮助，特意送的礼物！

酢浆草

野外到处都可以看到酢浆草，酢浆草长得比较矮小，让我们一起来仔细观察一下它的叶子和花。

酢浆草一般由三片小叶子组成，偶尔也会因为突变，长出四片小叶子。四叶酢浆草因为实在是很少见，所以又被人们称为“幸运草”。

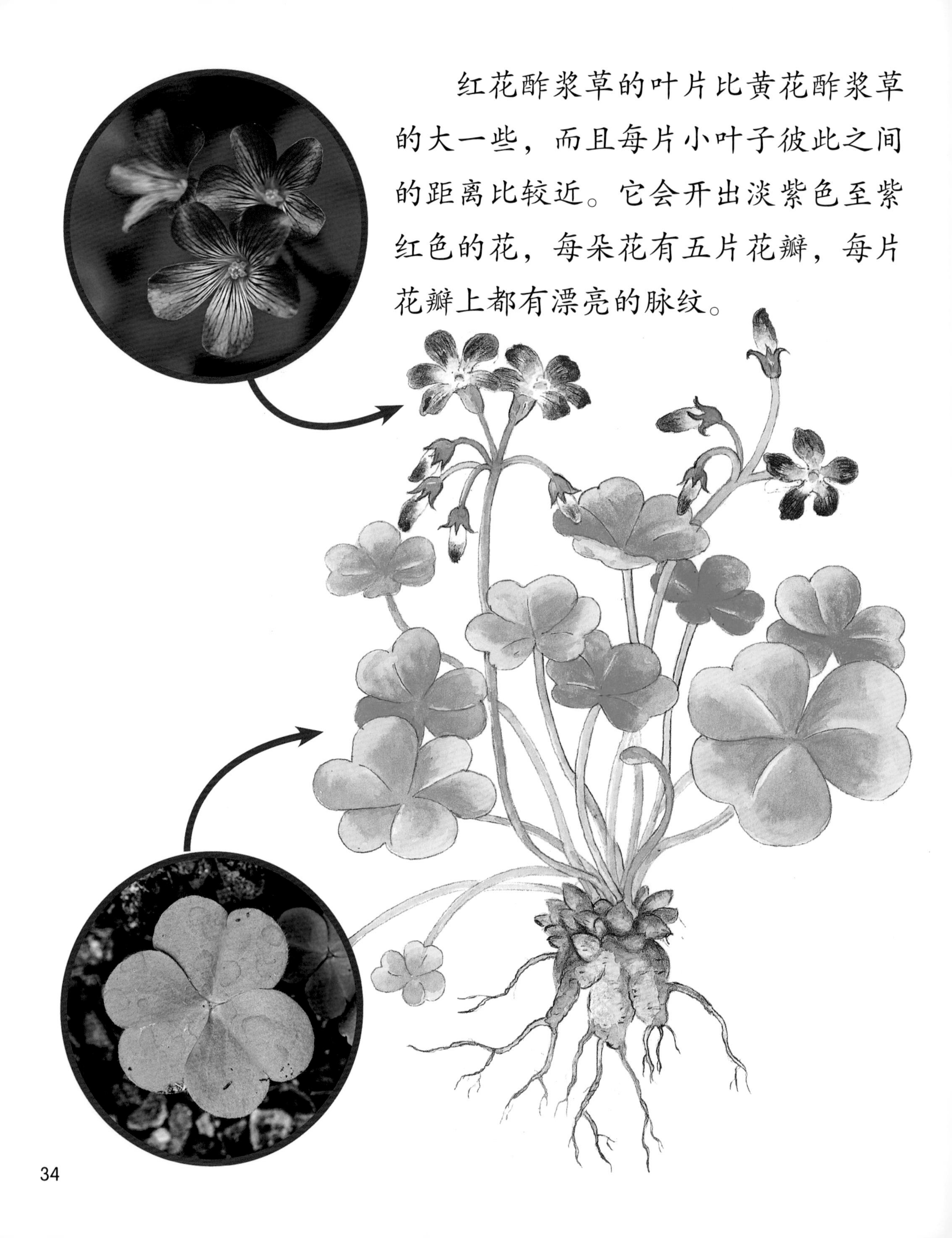

红花酢浆草的叶片比黄花酢浆草的大一些，而且每片小叶子彼此之间的距离比较近。它会开出淡紫色至紫红色的花，每朵花有五片花瓣，每片花瓣上都有漂亮的脉纹。

黄花酢浆草会开出黄色的花，它的花和叶子都比红花酢浆草小，每片小叶子彼此之间的距离也比较远。

酢浆草虽然也会进行播种繁殖和分株繁殖，但它比较常见的繁殖方式是依靠地下的鳞茎进行无性繁殖。它的鳞茎数量众多，每一块脱落下来的鳞茎都可以生根发芽，长出一株新的植物来。

鳞茎的繁殖过程：

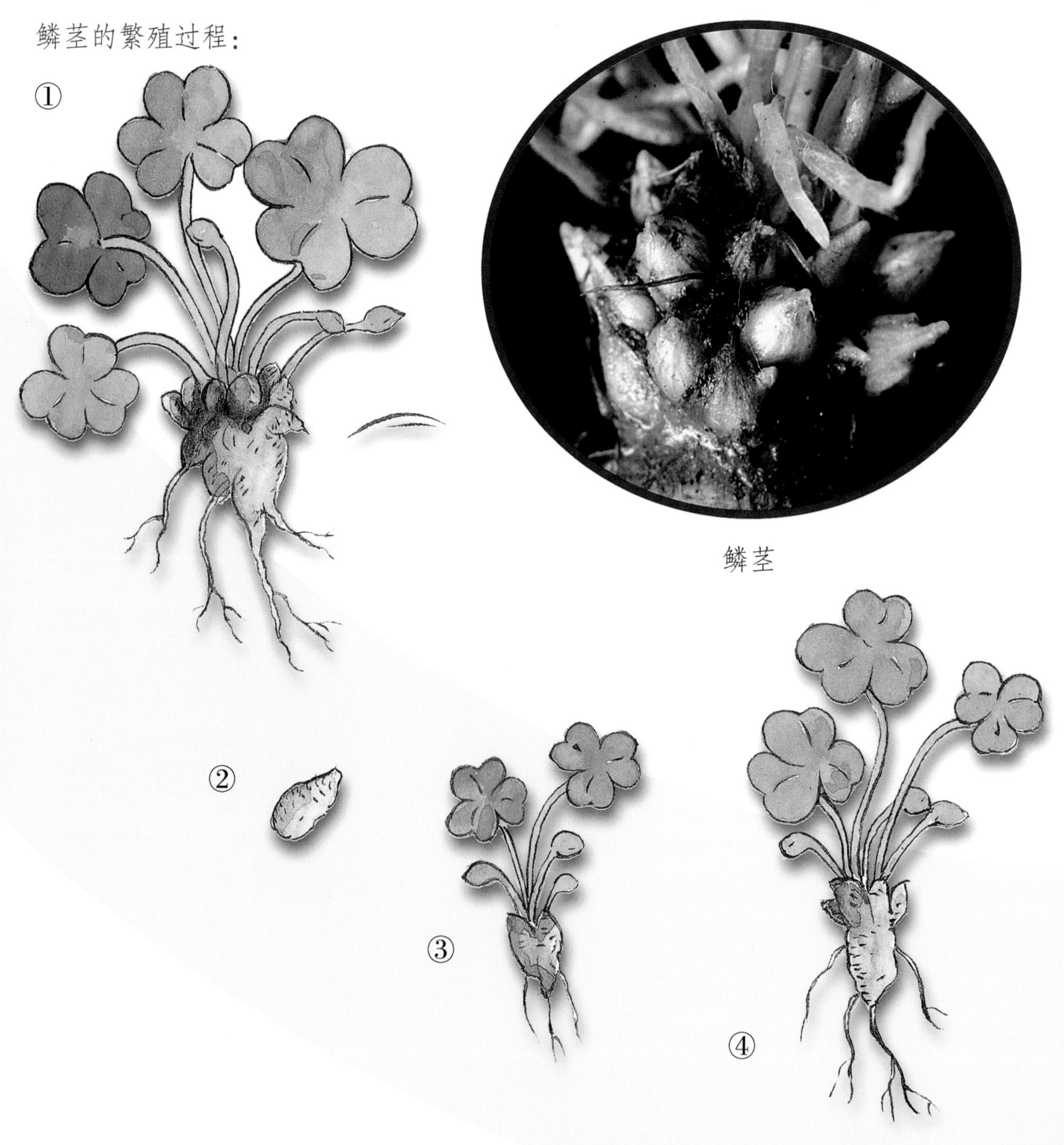

鳞茎

除了依靠鳞茎繁殖，黄花酢浆草还会在花谢后结出蒴（shuò）果。成熟的蒴果会爆裂开来，弹出很多小种子。

蒴果的繁殖过程：

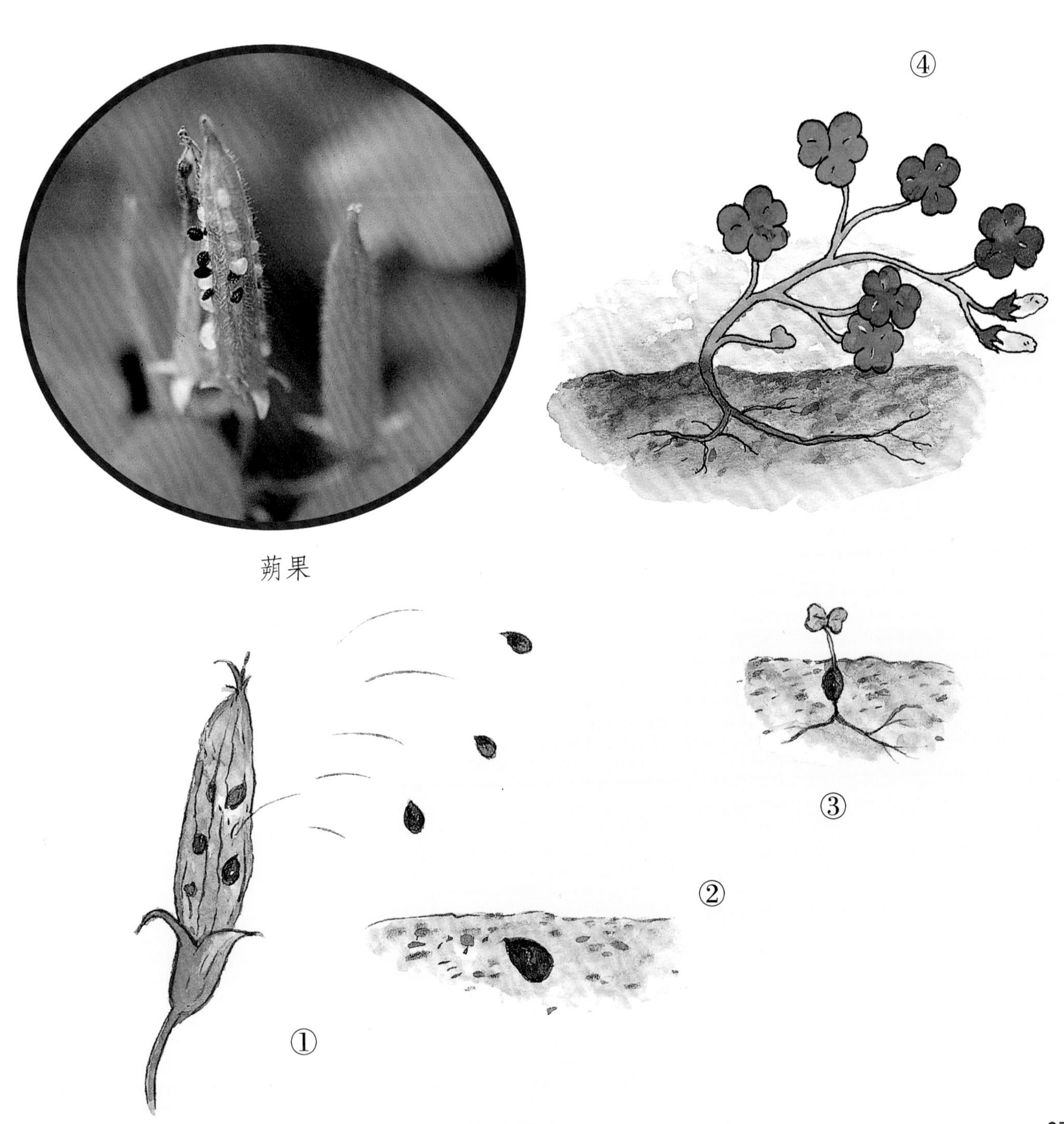

蒴果

酢浆草拔河游戏：

① 把酢浆草叶柄外皮撕开一个缺口，可以看到中间有一条细丝。

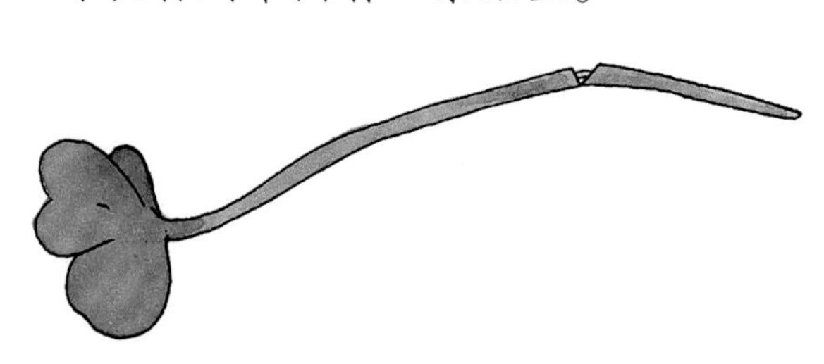

② 握住尾端，慢慢拉出细丝。

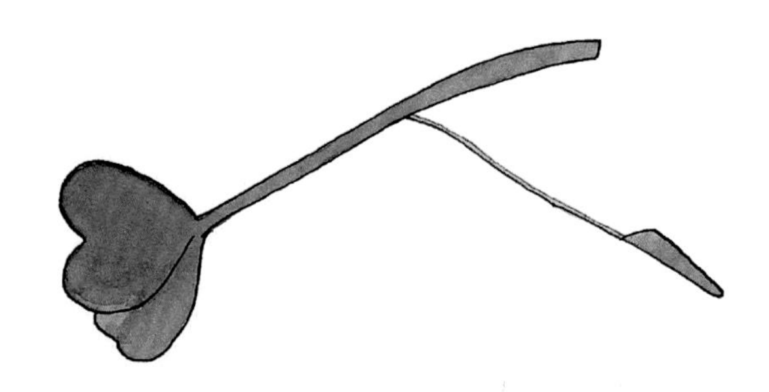

③ 将叶柄外皮轻轻剥掉，留下叶片部分和完整的细丝。

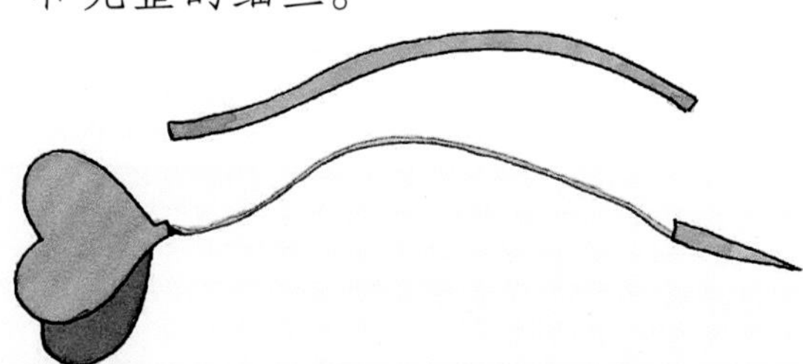

④ 将叶片交叉，握住尾端轻轻拉拽，先断掉的人就输了。

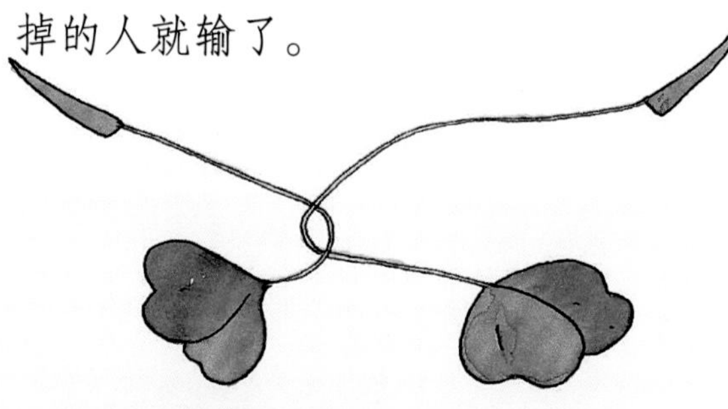

给父母的悄悄话：

酢浆草是非常常见的野花，而且对土壤和气候的要求不高，很容易种植。家长可以在家中带着孩子一起尝试种植，并观察它的生长过程。

小鸡怎么洗澡？

鸡的羽毛中常会藏着很多小虫，咬得它们浑身不舒服。为了驱虫，鸡会定期用沙子洗澡。洗澡时，它们会将翅膀张开，让沙子进入羽毛的缝隙中，然后通过拍动翅膀，将沙子和小虫一起抖下来。

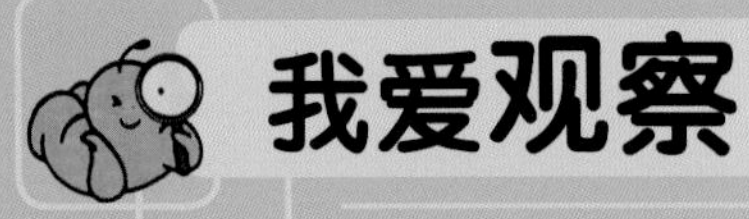

擅长模仿的竹节虫

许多昆虫拥有“拟态”的本事，竹节虫就是其中一种。有些种类的竹节虫，身体和树枝相似；有些种类的竹节虫，则像大叶子。竹节虫遇到危险时，只要停止不动，就能够“隐身”在树丛间，躲过敌人的捕食。